思考力算数練習帳シリーズ

シリーズ２９

等差数列　上

整数範囲：三桁×二桁　三桁÷二桁

◆　本書の特長

1、等差数列の考え方を、**具体性のある「図」**から考え、そして**式によって解ける**よう、順をおって詳しく解説されています。

2、全て**整数だけ**で解けるように、問題が作られています。

3、自分ひとりで考えて解けるように工夫して作成されています。他のサイパー思考力算数練習帳と同様に、**教え込まなくても学習できる**ように構成されています。

4、公式に当てはめて問題を解くのではなく、**問題の意味を理解**した上で式を作るように工夫されています。

◆　サイパー思考力算数練習帳シリーズについて

ある問題について同じ種類・同じレベルの問題をくりかえし練習することによって、確かな定着が得られます。

そこで、中学入試につながる文章題について、同種類・同レベルの問題をくりかえし練習することができる教材を作成しました。

◆　指導上の注意

① 解けない問題、本人が悩んでいる問題については、お母さん（お父さん）が説明してあげて下さい。その時に、できるだけ具体的なものにたとえて説明してあげると良くわかります。本書「等差数列」では、まず実際に数を書いてみるのが良いでしょう。

② お母さん（お父さん）はあくまでも補助で、問題を解くのはお子さん本人です。お子さんの達成感を満たすためには、「解き方」から「答」までの全てを教えてしまわないで下さい。教える場合はヒントを与える程度にしておき、本人が自力で答を出すのを待ってあげて下さい。

③ お子さんのやる気が低くなってきていると感じたら、無理にさせないで下さい。お子さんが興味を示す別の問題をさせるのも良いでしょう。

④ 丸付けは、その場でしてあげて下さい。フィードバック（自分のやった行為が正しいかどうか評価を受けること）は早ければ早いほど、本人の学習意欲と定着につながります。

もくじ

等差数列の基本

例題１、下のように規則正しく数字がならんでいる時、□にあてはまる数を答えなさい。

１・２・３・４・５・６・７・□・９・１０・１１…

みなさん、すぐにわかりましたね。答は「8」です。

類題１、規則正しく数字が並んでいます。下のそれぞれの□にあてはまる数を答えなさい。

①、　１・３・５・□・９・１１・１３…　答、＿＿＿＿
②、　２・４・□・８・１０・１２・１４…　答、＿＿＿＿
③、　３・６・９・１２・□・１８・２１…　答、＿＿＿＿
④、　□・１５・２０・２５・３０・３５・４０…　答、＿＿＿＿
⑤、　４６・３９・３２・□・１８・１１・４…　答、＿＿＿＿

わかりましたか。答はそれぞれ、次の通りです。

類題１の解答

①、７　②、６　③、１５　④、１０　⑤、２５

もう気づいている人もいると思いますが、これらの数は、全てにたような規則でならんでいます。

その規則とは、「どの数の列も、同じ数ずつ増えて（へって）いっている」です。あるいは、「どの数の列も、となりの数字との差が等しい」と言ってもいいでしょう。

等差数列の基本

例題１　　1　2　3　4　5　6　7　8　9 …

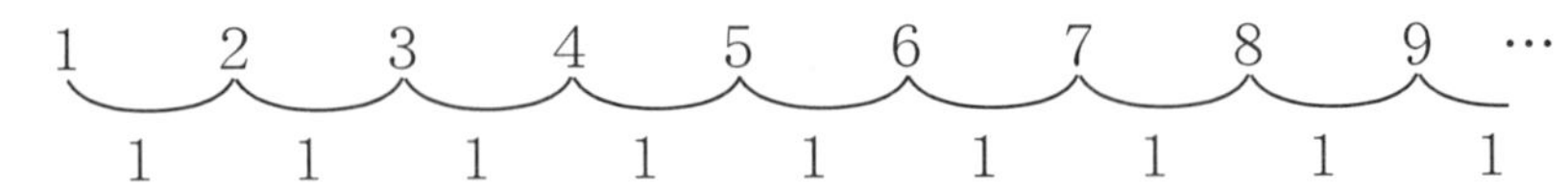

1　1　1　1　1　1　1　1　1

類題１　①、1　3　5　7　9　１１　１３　１５　１７…

2　2　2　2　2　2　2　2　2

②、2　4　6　8　１０　１２　１４　１６　１８…

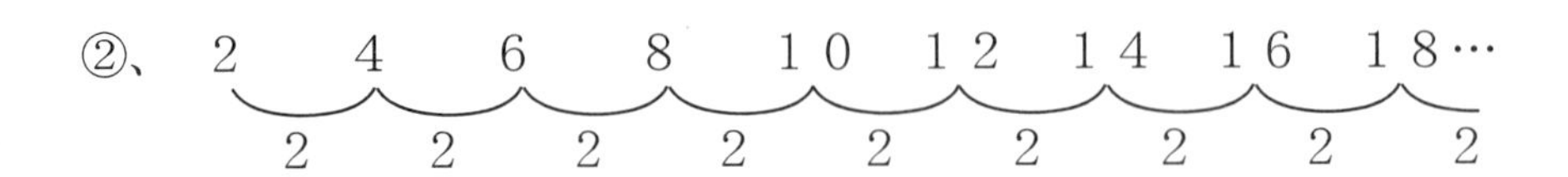

2　2　2　2　2　2　2　2　2

③、3　6　9　１２　１５　１８　２１　２４　２７…

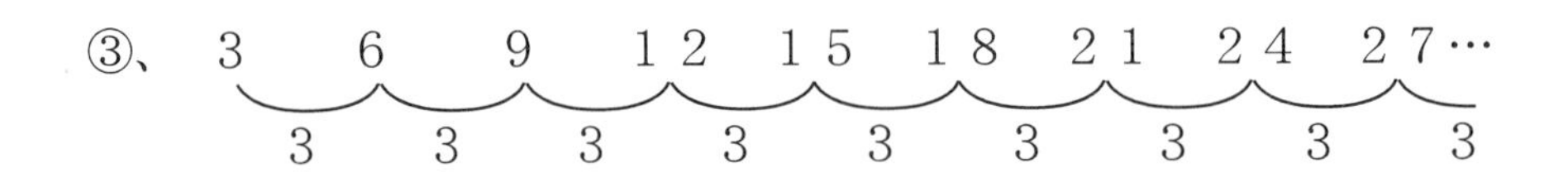

3　3　3　3　3　3　3　3　3

④、１０　１５　２０　２５　３０　３５　４０　４５　５０…

5　5　5　5　5　5　5　5　5

⑤、４６　３９　３２　２５　１８　１１　4

7　7　7　7　7　7

このような数のならびを「**等差数列**（とうさすうれつ）」といいます。

類題２、次のそれぞれの数のならびのうち、「等差数列」であるものには「○」、そうでないものには「×」をつけなさい。

①、　9・１５・２１・２７・３３・３９　…　　答、＿＿＿＿＿＿

②、　1・2・4・8・１６・３２　…　　答、＿＿＿＿＿＿

③、　８５・７６・６７・５８・４９・４０　…　　答、＿＿＿＿＿＿

④、　1・1・2・3・5・8・１３　…　　答、＿＿＿＿＿＿

⑤、　7・7・7・7・7・7・7　…　　答、＿＿＿＿＿＿

等差数列の基本

類題２の解答　となりの数字との差がどこも等しくなっていれば「等差数列」です。

①、
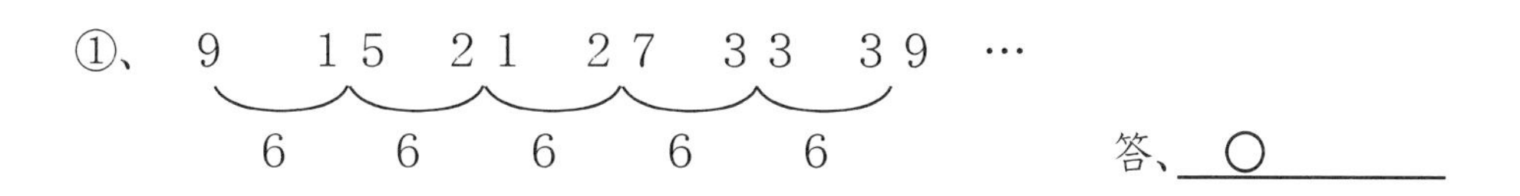

②、
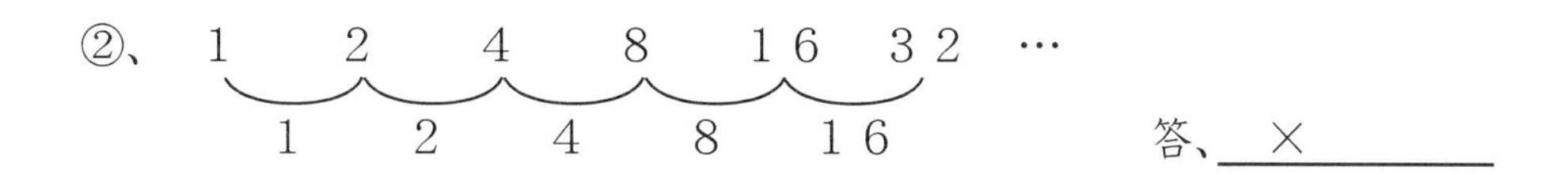

③、85　76　67　58　49　40　…

9　9　9　9　9

答、○

④、
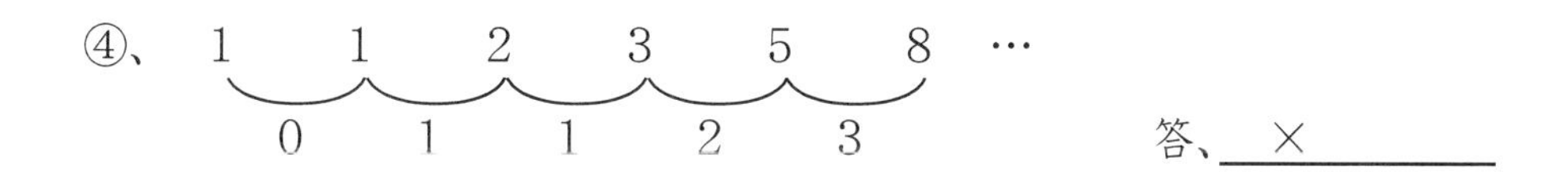

⑤、
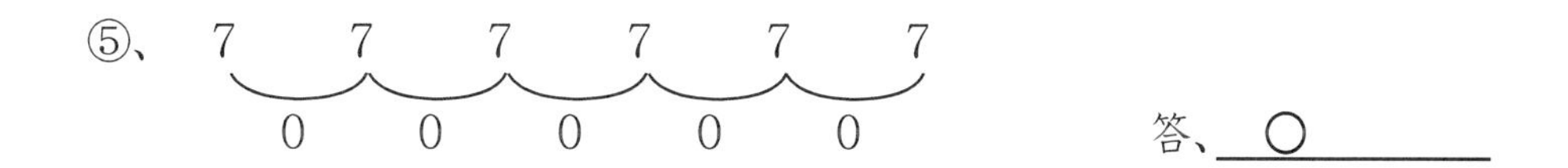

⑤は、同じ数字がならんでいますが、となりとの差はどこも「0」であると考えると、等差数列の１つだと考えることができます。

②は、どこも後の数が前の数の２倍になっています。(等比数列)

④は、前２つの数の足し算が、後の数となっています。(フィボナッチ数)

等差数列の項

４・７・１０・１３・１６・１９・２２

上記のように、となりとの数字の差がどこも等しい数のならびのことを

「等差数列」

といいます。

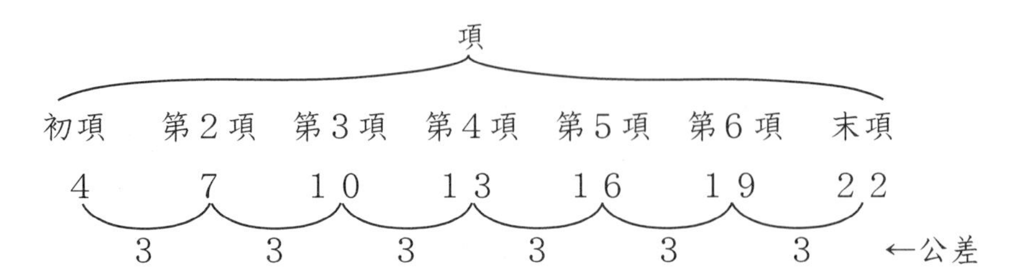

数列の、数字１つ１つを「**項**（こう）」と言います。

数列の、最初の項を「**初項**（しょこう）」、２番目の項を「**第２項**」、３番目の項を「**第３項**」…、最後の項を「**末項**（まっこう）」と言います。

（以下、本書では、項の番号に○をつけて「第②項」などのように表記します）

等差数列の、となりの項との差を「**公差**（こうさ）」と言います。

例題２、それぞれ次の問いに答えなさい。

①、初項が「4」、公差が「5」の等差数列を、初項から第⑤項まで書きなさい。

４から始めて、５ずつ足して行けばよろしい。

答、４　９　１４　１９　２４

②、初項が「3」、末項が「４５」、公差が「7」の等差数列を、全て書きなさい。

３から始めて、７ずつ足してゆき、４５になるまで書けばよろしい。

答、３　１０　１７　２４　３１　３８　４５

等差数列の項

③、第⑥項が「３１」、公差が「4」の等差数列の、第③項から第⑧項まで書きなさい。

３１に４を足せば第⑦項、さらに４を足せば第⑧項です。

また、３１から４を引けば第⑤項、さらに４を引けば第④項です。

答、１９　２３　２７　３１　３５　３９

④、第⑫項が「７４」、公差が「6」である等差数列の、第②項から第⑥項までを書きなさい。

７４から６ずつ引いてゆけば、第⑪項、第⑩項、第⑨項…と求めてゆけます。

項	⑫	⑪	⑩	⑨	⑧	⑦	⑥	⑤	④	③	②
	７４	６８	６２	５６	５０	４４	**38**	**32**	**26**	**20**	**14**

答、１４　２０　２６　３２　３８

類題３、次の各問いに答えなさい。（全て、増えていく等差数列です）

①、初項が「3」、公差が「4」の等差数列を、初項から第⑤項まで書きなさい。

②、初項が「5」、末項が「２０」、公差が「3」の等差数列を、全て書きなさい。

③、第７項が「３１」、公差が「6」の等差数列の、第⑤項から第⑨項まで書きなさい。

④、初項が「1.4」、公差が「5」である等差数列の、第⑧項から第⑪項までを書きなさい。

⑤、第１１項が「７８」、公差が「7」である等差数列の、第②項から第⑥項までを書きなさい。

等差数列の項

類題３の解答

①、３　７　１１　１５　１９

②、５　８　１１　１４　１７　２０

③、１９　２５　３１　３７　４３

④、４９　５４　５９　６４

⑤、１５　２２　２９　３６　４３

例題３、次の等差数列のア、イにあてはまる数字を答えなさい。

２・ア・８・イ・１４　…

等差数列ですから、隣り合う数字の差は、どこも同じはずです。下の図では、◆はどこも同じです。

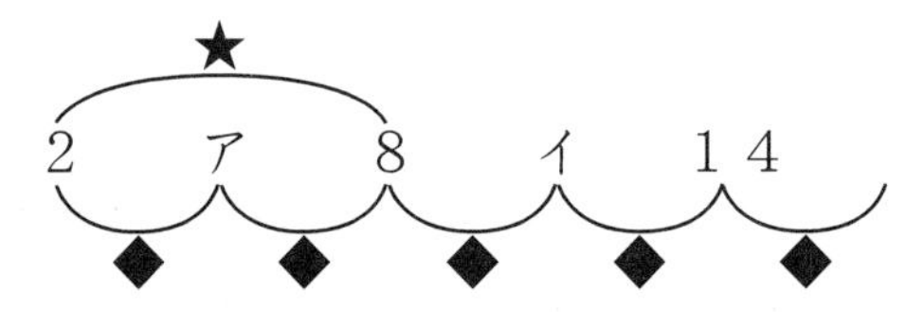

★の部分に注目します。

★の部分、２から８の間に◆は２つありますから、

８－２＝６…◆◆　　６÷２＝３…◆＝公差

公差が３であることがわかりました。

２＋３＝５…ア　　（８－３＝５…ア）

８＋３＝１１…イ　　（１４－３＝１１…イ）

答、ア　５　　イ　１１

類題４、次のそれぞれの等差数列の ア ～ ナ にあてはまる数字を答えなさい。

①、４・ ア ・２２・ イ ・４０・ ウ ・５８　…

②、 エ ・２５・ オ ・ カ ・４６・ キ ・ ク …

③、４１・ ケ ・ コ ・ サ ・５７・ シ ・ ス …

④、８２・ セ ・７６・ ソ ・７０・ タ ・６４　…

⑤、 チ ・ ツ ・４３・ テ ・ ト ・１９・ ナ …

等差数列の項

ア、＿＿＿　イ、＿＿＿　ウ、＿＿＿　エ、＿＿＿　オ、＿＿＿
カ、＿＿＿　キ、＿＿＿　ク、＿＿＿　ケ、＿＿＿　コ、＿＿＿
サ、＿＿＿　シ、＿＿＿　ス、＿＿＿　セ、＿＿＿　ソ、＿＿＿
タ、＿＿＿　チ、＿＿＿　ツ、＿＿＿　テ、＿＿＿　ト、＿＿＿
ナ、＿＿＿

類題４の解答

①
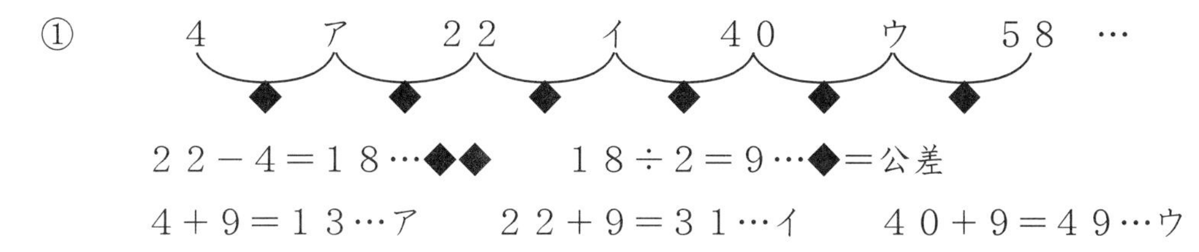

２２－４＝１８…◆◆　１８÷２＝９…◆＝公差

４＋９＝１３…ア　２２＋９＝３１…イ　４０＋９＝４９…ウ

②
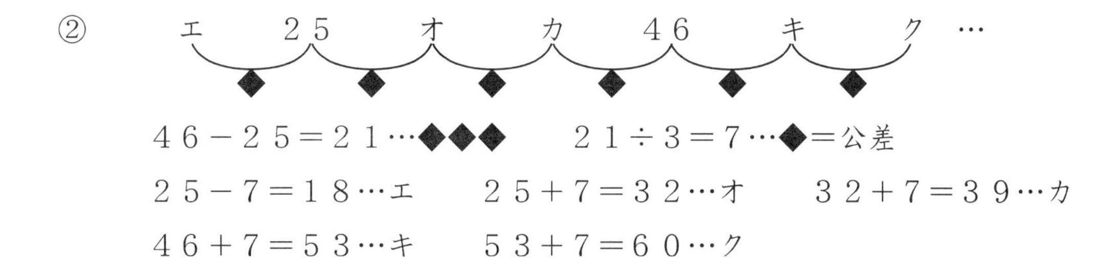

４６－２５＝２１…◆◆◆　２１÷３＝７…◆＝公差

２５－７＝１８…エ　２５＋７＝３２…オ　３２＋７＝３９…カ

４６＋７＝５３…キ　５３＋７＝６０…ク

③
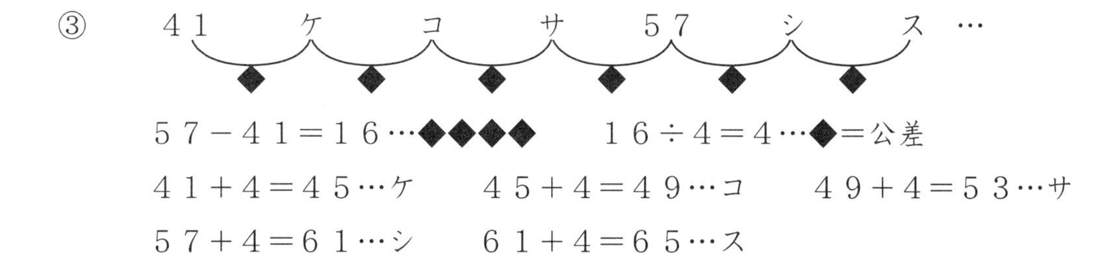

５７－４１＝１６…◆◆◆◆　１６÷４＝４…◆＝公差

４１＋４＝４５…ケ　４５＋４＝４９…コ　４９＋４＝５３…サ

５７＋４＝６１…シ　６１＋４＝６５…ス

④
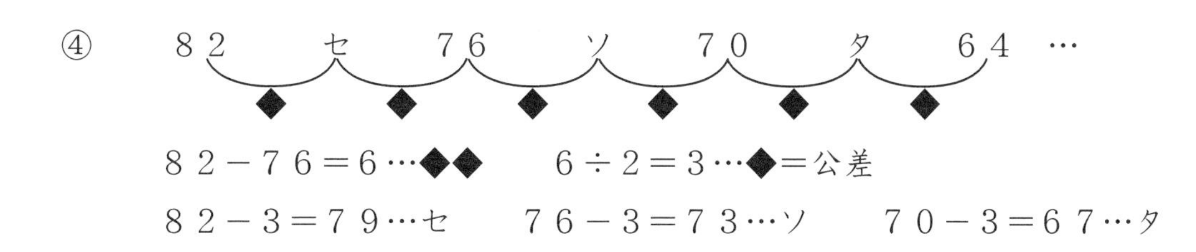

８２－７６＝６…◆◆　６÷２＝３…◆＝公差

８２－３＝７９…セ　７６－３＝７３…ソ　７０－３＝６７…タ

等差数列の項

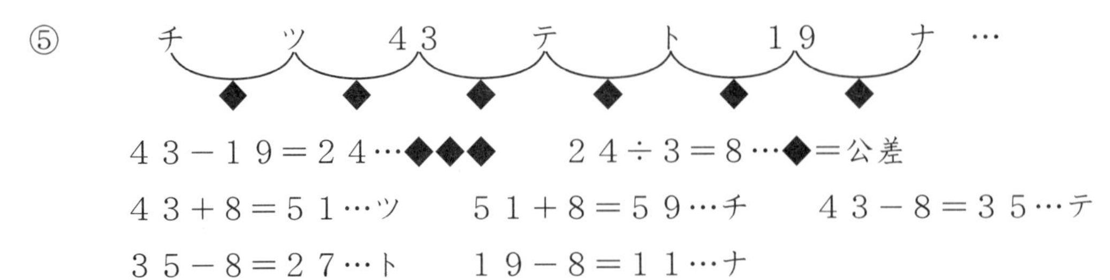

４３－１９＝２４…◆◆◆　　２４÷３＝８…◆＝公差

４３＋８＝５１…ツ　　５１＋８＝５９…チ　　４３－８＝３５…テ

３５－８＝２７…ト　　１９－８＝１１…ナ

ア、１３　　イ、３１　　ウ、４９　　エ、１８　　オ、３２

カ、３９　　キ、５３　　ク、６０　　ケ、４５　　コ、４９

サ、５３　　シ、６１　　ス、６５　　セ、７９　　ソ、７３

タ、６７　　チ、５９　　ツ、５１　　テ、３５　　ト、２７

ナ、１１

※　④と⑤は、少なくなってゆく等差数列ですが、考え方は同じです。足し算なのか引き算なのか、間違わないようにしましょう。

(保護者の方へ：④と⑤の公差は、正しくはそれぞれ「－３」「－８」となりますが、小学生の段階で負の数は考えませんので、ここではそれぞれ公差は「3」「8」で、正しい事にします。)

参考

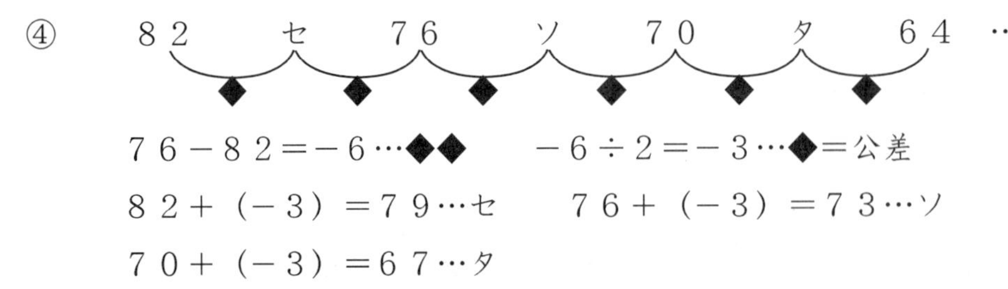

７６－８２＝－６…◆◆　　－６÷２＝－３…◆＝公差

８２＋（－３）＝７９…セ　　７６＋（－３）＝７３…ソ

７０＋（－３）＝６７…タ

演習問題１、次のそれぞれの数のならびのうち、「等差数列」であるものには「○」、そうでないものには「×」をつけなさい。（解答はＰ４２）

①、　３・３・３・３・３・３　…　　　答、__________

②、　９・１５・２１・２７・３３・３９　…　　　答、__________

③、　５・５・７・７・９・９　…　　　答、__________

④、　１・４・９・１６・２５・３６　…　　　答、__________

⑤、　１２・２３・３４・４５・５６・６７　…　　　答、__________

⑥、　０・１・１・２・３・５　…　　　答、__________

⑦、　３・４・５・３・４・５　…　　　答、__________

⑧、　６１・５２・４３・３４・２５・１６　…　　　答、__________

⑨、　３５・１８・３５・１８・３５・１８　…　　　答、__________

演習問題２、次の各問いに答えなさい。（全て、増えていく等差数列です）

（解答はＰ４２）

①、初項が「２」、公差が「３」の等差数列を、初項から第⑤項まで書きなさい。

____

②、初項が「７」、末項が「４７」、公差が「８」の等差数列を、全て書きなさい。

____

③、末項が「３３」、公差が「７」の等差数列を、全て書きなさい。

____

④、第⑥項が「４２」、公差が「４」の等差数列の、第③項から第⑦項まで書きなさい。

____

⑤、初項が「２１」、公差が「６」である等差数列の、第⑧項から第⑫項までを書きなさい。

____

演習問題2

⑥、第⑪項が「６９」、公差が「5」である等差数列の、第②項から第⑥項までを書きなさい。

____

⑦、第④項が「２７」、第⑤項が「３４」である等差数列の、第③項から第⑦項までを書きなさい。

____

⑧、第⑦項が「７５」、第⑧項が「８７」である等差数列の、初項から第⑤項までを書きなさい。

____

演習問題3、次のそれぞれの等差数列の ア ～ ヤ にあてはまる数字を答えなさい。

（解答はＰ４２）

①、１０・ ア ・１６・ イ ・２２・ ウ ・２８ …
②、 エ ・２０・ オ ・ カ ・３５・ キ ・ ク …
③、３８・ ケ ・ コ ・ サ ・６２・ シ ・ ス …
④、８１・ セ ・６７・ ソ ・５３・ タ ・３９ …
⑤、 チ ・ ツ ・４６・ テ ・ ト ・１９・ ナ …
⑥、３７・ ニ ・ ヌ ・ ネ ・６９・ ノ ・ ハ …
⑦、 ヒ ・ フ ・４３・ ヘ ・ ホ ・ マ ・２７ …
⑧、 ミ ・４５・ ム ・ メ ・ モ ・ ヤ ・５５ …

ア、______ イ、______ ウ、______ エ、______ オ、______
カ、______ キ、______ ク、______ ケ、______ コ、______
サ、______ シ、______ ス、______ セ、______ ソ、______
タ、______ チ、______ ツ、______ テ、______ ト、______
ナ、______ ニ、______ ヌ、______ ネ、______ ノ、______
ハ、______ ヒ、______ フ、______ ヘ、______ ホ、______
マ、______ ミ、______ ム、______ メ、______ モ、______
ヤ、______

テスト１

（解答はＰ４５）

点／１００　合格８０点

１、次のそれぞれの数のならびのうち、「等差数列」であるものには「○」、そうでないものには「×」をつけなさい。（各４点×９）

①、８・９・８・９・８・９　…　答、＿＿＿＿

②、１・２・２・３・３・３　…　答、＿＿＿＿

③、１１・９・７・５・３・１　…　答、＿＿＿＿

④、８・５・３・２・１・１　…　答、＿＿＿＿

⑤、１８・１５・１２・９・６・３　…　答、＿＿＿＿

⑥、１９・３２・４５・５８・７１・８４　…　答、＿＿＿＿

⑦、２８・２９・３１・３４・３８・４３　…　答、＿＿＿＿

⑧、９７・８７・７８・７０・６３・５７　…　答、＿＿＿＿

⑨、９５・７７・５９・４１・２３・５　…　答、＿＿＿＿

２、次の各問いに答えなさい。（全て、増えていく等差数列です）（各４点×８）

①、初項が「８」、公差が「４」の等差数列を、初項から第⑤項まで書きなさい。

＿＿＿＿＿＿＿＿＿＿＿＿＿＿＿＿

②、初項が「５」、末項が「４０」、公差が「７」の等差数列を、全て書きなさい。

＿＿＿＿＿＿＿＿＿＿＿＿＿＿＿＿

③、末項が「３４」、公差が「６」の等差数列を、全て書きなさい。

＿＿＿＿＿＿＿＿＿＿＿＿＿＿＿＿

④、第⑦項が「４７」、公差が「３」の等差数列の、第④項から第⑧項まで書きなさい。

＿＿＿＿＿＿＿＿＿＿＿＿＿＿＿＿

⑤、初項が「１０」、公差が「８」である等差数列の、第⑦項から第⑪項までを書きなさい。

＿＿＿＿＿＿＿＿＿＿＿＿＿＿＿＿

テスト1

⑥、第⑩項が「７１」、公差が「７」である等差数列の、第②項から第⑥項までを書きなさい。

____

⑦、第⑥項が「４５」、第⑦項が「５１」である等差数列の、第⑤項から第⑨項までを書きなさい。

____

⑧、第⑨項が「８４」、第⑩項が「９３」である等差数列の、第③項から第⑦項までを書きなさい。

____

3、次のそれぞれの等差数列の［ア］～［ヤ］にあてはまる数字を答えなさい。

（各４点×８）

①、４５・［ア］・５７・［イ］・６９・［ウ］・８１ …
②、［エ］・２３・［オ］・［カ］・３８・［キ］・［ク］…
③、２０・［ケ］・［コ］・［サ］・３２・［シ］・［ス］…
④、４９・［セ］・４１・［ソ］・３３・［タ］・２５ …
⑤、［チ］・［ツ］・６７・［テ］・［ト］・４６・［ナ］…
⑥、２７・［ニ］・［ヌ］・［ネ］・５９・［ノ］・［ハ］…
⑦、［ヒ］・［フ］・５９・［ヘ］・［ホ］・［マ］・５１ …
⑧、［ミ］・２８・［ム］・［メ］・［モ］・［ヤ］・７３ …

ア、＿＿＿　イ、＿＿＿　ウ、＿＿＿　エ、＿＿＿　オ、＿＿＿
カ、＿＿＿　キ、＿＿＿　ク、＿＿＿　ケ、＿＿＿　コ、＿＿＿
サ、＿＿＿　シ、＿＿＿　ス、＿＿＿　セ、＿＿＿　ソ、＿＿＿
タ、＿＿＿　チ、＿＿＿　ツ、＿＿＿　テ、＿＿＿　ト、＿＿＿
ナ、＿＿＿　ニ、＿＿＿　ヌ、＿＿＿　ネ、＿＿＿　ノ、＿＿＿
ハ、＿＿＿　ヒ、＿＿＿　フ、＿＿＿　ヘ、＿＿＿　ホ、＿＿＿
マ、＿＿＿　ミ、＿＿＿　ム、＿＿＿　メ、＿＿＿　モ、＿＿＿
ヤ、＿＿＿

等差数列の第□項の数　1

例題４、次のような等差数列について。

項　①　　②　　③　　④　　⑤　…

３　・　５　・　７　・　９　・　１１　…

①、第⑩項の数は何ですか。

解き方：第⑩項ですと、書きだしても求められます。

項　…　⑥　　⑦　　⑧　　⑨　　⑩　…

…　１３　・　１５　・　１７　・　１９　・　２１　…

答、２１

②、第㊿項の数は何ですか。

解き方：第㊿項までを、全て書きだすのはたいへんです。計算で求める方法を考えましょう。

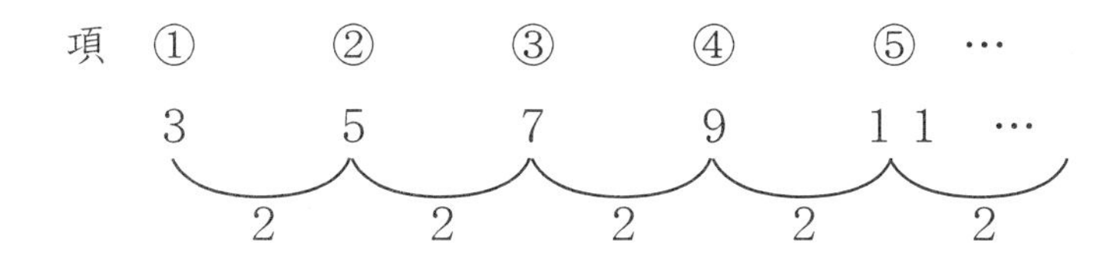

公差は「２」ですね。この公差を利用して、第㊿項を求める工夫をしてみます。

例えば、第⑤項を求めるとしましょう。「公差」というのは、「増える数」のことですから、図にすると下のようになります。

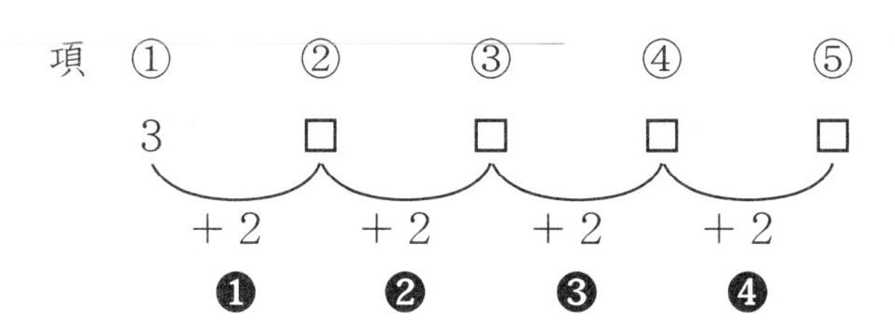

等差数列の第□項の数　1

第⑤項は、「3」に「2」を４回足したものだということが、わかりますね。

これを式にすると

　　３＋２×４＝１１　　　　答は　１１　です。

第⑩項を求めてみましょう。

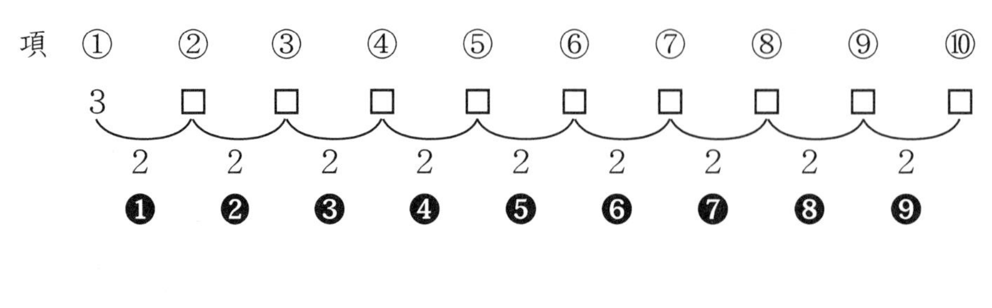

　　３＋２×９＝２１　　　　答は　２１　です。

では第㊿項を求めましょう。

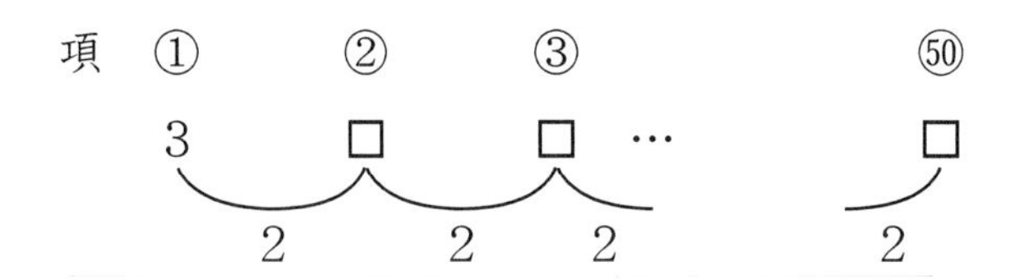

初項（第①項）の「３」に、公差の「２」を何回か足せばよいのですね。

さて、第㊿項までに「２」は何回あるでしょうか。

第⑤項までには❹回、第⑩項までには❾回ありました。ここから考えると

　　「公差の回数」は「項」より１少ない

ということがわかります。（この部分についての詳しい説明は、「サイパー思考力算数練習帳シリーズ２８『植木算』」参照）

ですから、第㊿項までには、公差の「２」は４９回あることになります。

　　３＋２×４９＝１０１

答、　１０１

等差数列の第□項の数　1

この式　　　３＋２×４９＝１０１

の「４９」は第㊿項の「５０」から「1」を引いたものでした。したがって、もう少しこの式をくわしく書くと、

３＋２×（５０－1）＝１０１

ということになります。

これを、どんな等差数列の時にでも解ける式に直してみましょう。

初項（第①項）が「A」、公差が「B」の等差数列の第C項の数Xを求める。

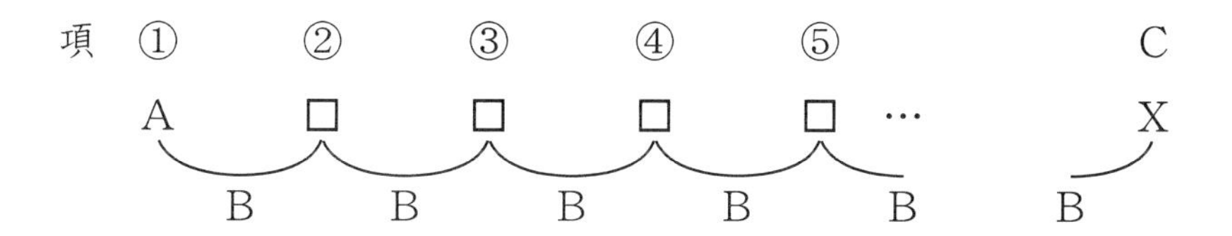

先の式と同じように考えると、「A」に「B」を「C－１」回足すと「X」になります。それを式にすると

A＋B×（C－１）＝X

これが「初項A、公差Bの等差数列のC番目の数Xを求める式」です。これを言葉を使って式に表すと

初項＋公差×（知りたい項－１）

となります。こういう式のことを「一般式」と呼ぶことにします。

等差数列の第□項の数　1

類題５、それぞれ次の数を求めなさい。

①、初項４、公差５の等差数列の第⑫項の数

式

答、＿＿＿＿＿＿

②、初項７、公差８の等差数列の第㉖項の数

式

答、＿＿＿＿＿＿

③、初項１１、公差６の等差数列の第㊲項の数

式

答、＿＿＿＿＿＿

④、初項１６、公差７の等差数列の第㉜項の数

式

答、＿＿＿＿＿＿

⑤、初項２２、公差２の等差数列の第㊱項の数

式

答、＿＿＿＿＿＿

類題５の解答

① 式　４＋５×（１２－１）＝５９　答、５９

② 式　７＋８×（２６－１）＝２０７　答、２０７

③ 式　１１＋６×（３７－１）＝２２７　答、２２７

④ 式　１６＋７×（８２－１）＝５８３　答、５８３

⑤ 式　２２＋２×（５６－１）＝１３２　答、１３２

等差数列の項の個数　第何項かわかっている場合

例題５、それぞれ次の個数を求めなさい。

①、１から１０までの整数の個数

これは考えるまでもありませんね。答は１０個です。　　　　　答、１０個

②、１０から２０までの整数の個数

これは「１０個」ではありません。よく注意して下さい。

①　②　③　④　⑤　⑥　⑦　⑧　⑨　⑩　⑪
１０・１１・１２・１３・１４・１５・１６・１７・１８・１９・２０

答、１１個

③、２３から５７までの整数の個数

５７－２３＝３４　　３４個　←　これはまちがいです。

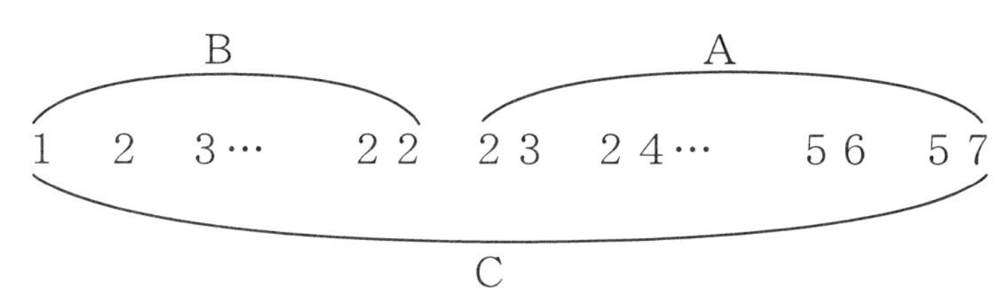

知りたいのは、Ａの部分の個数です。Ａの個数は「Ｃの個数－Ｂの個数」で求められます。

Ｃの部分の個数は、１～５７ですから、５７個です。
またＢの部分は、１～２２ですから、２２個です。
したがって、　　５７－２２＝３５　　３５個というのが正解です。

等差数列の項の個数　第何項かわかっている場合

２３から５７までの整数の個数は、１～５７の５７個から１～２２の２２個を引けば求まります。この２２個という数は、２３の１つ手前の数ですから、２３－１＝２２で求められます。

式　２３－１＝２２…２３の１つ手前までの個数
　　５７－２２＝３５　　　　　　　　　　　　　答、３５

類題６、それぞれ次の個数を求めなさい。

①、３から１５までの整数の個数
式

答、

②、８２から１５７までの整数の個数
式

答、

③、２００から３００までの整数の個数
式

答、

類題６の解答

①　３－１＝２　　１５－２＝１３　　答、１３
②　８２－１＝８１　　１５７－８１＝７６　　答、７６
③　２００－１＝１９９　　３００－１９９＝１０１　　答、１０１

等差数列の項の個数　第何項かわかっている場合

類題７、それぞれ次の等差数列の項の個数を求めなさい。

①、第⑫項から第㊳項

式

答、＿＿＿＿＿＿＿＿

②、第58項から第134項

式

答、＿＿＿＿＿＿＿＿

③、第239項から第562項

式

答、＿＿＿＿＿＿＿＿

類題７の解答

考え方は類題６と同じです。

①　１２－１＝１１　　３８－１１＝２７　　答、２７個

②　５８－１＝５７　　１３４－５７＝７７　　答、７７個

③　２３９－１＝２３８　　５６２－２３８＝３２４　　答、３２４個

等差数列の項の個数　第何項かわからない場合

例題６、それぞれ次の等差数列の項の個数を求めなさい。

①、公差１０の等差数列の「３５」から「９５」までの個数

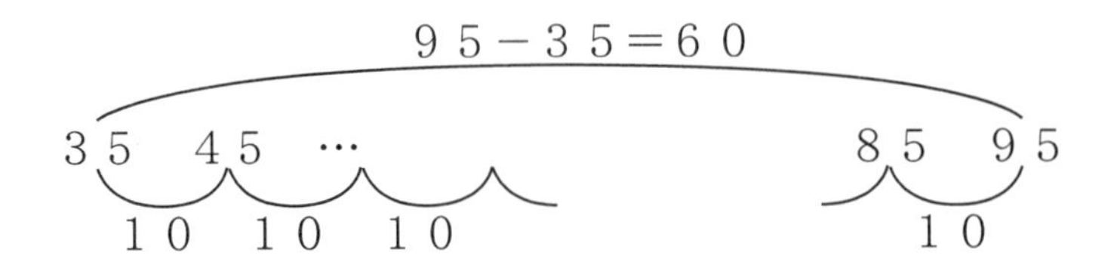

３５から９５までの間は

９５－３５＝６０

あります。

この「６０」の中に公差の「１０」がいくつかあります。

公差「１０」の個数は

６０÷１０＝６個

あることがわかります。

公差が「６個」あるということは、項は「３５」から始めて、あと６個あるということです。「３５」が１個目の項で、あと６個項があるのですから

１個＋６個＝７個

項は全部で７個あります。

式　９５－３５＝６０…「３５」と「６５」との間

６０÷１０＝６個…公差の個数

１個＋６個＝７個

答、７個

これを一般式にすると

（最後の項ー最初の項）÷公差＋１＝項の個数

となります。

等差数列の項の個数　第何項かわからない場合

②、公差５の等差数列の「9」から「３４」までの個数

①で求めた式にあてはめて解きましょう。

式　（３４－9）÷５＋１＝６

答、６個

類題８、それぞれ次の等差数列の項の個数を求めなさい。

①、公差３の等差数列の「２５」から「４０」までの個数

式

答、

②、公差６の等差数列の「４１」から「７７」までの個数

式

答、

③、公差７の等差数列の「５７」から「１１３」までの個数

式

答、

類題８の解答

①　式　（４０－２５）÷３＋１＝６　　答、６

②　式　（７７－４１）÷６＋１＝７　　答、７

③　式　（１１３－５７）÷７＋１＝９　　答、９

等差数列の公差

例題7、初項が「2」、末項が「20」、項の個数が「7個」である等差数列の公差はいくらですか。

図にすると、次のようになります。

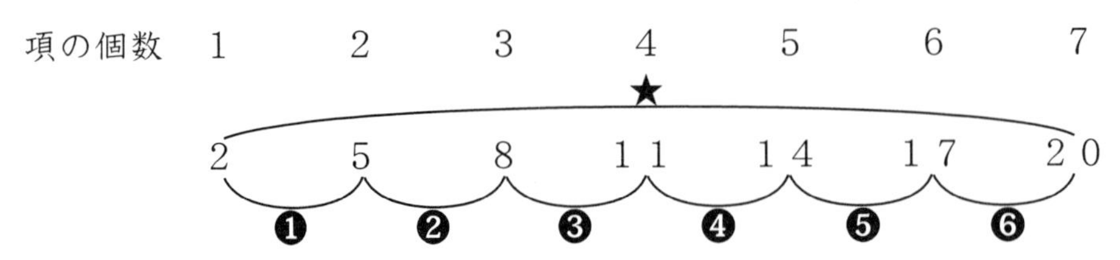

図から、「公差の個数」は、「項の個数」より「1少ない」ことがわかります。（サイパーシリーズ28「植木算」参照）

２０－２＝１８…★

７－１＝６…❻　公差の個数

１８÷６＝３…公差

答、３

例題8、初項が「3」、第⑦項が「15」である等差数列の、公差はいくらですか。

図にすると、次のようになります。

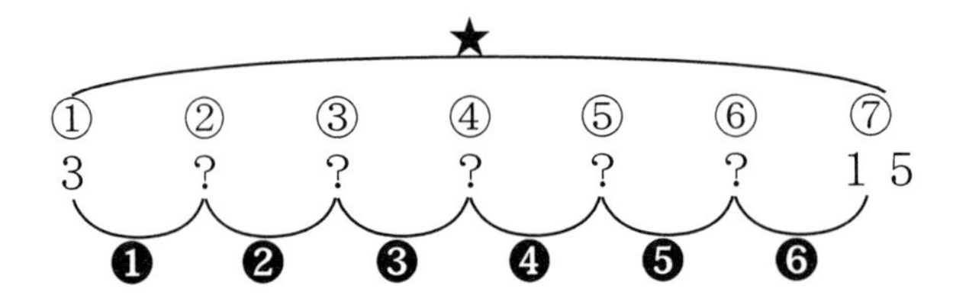

１５－３＝１２…★

７－１＝６…❻　公差の数

１２÷６＝２…公差

答、２

等差数列の公差

例題９、第⑧項が「３５」、第⑬項が「５５」である等差数列の公差はいくらですか。

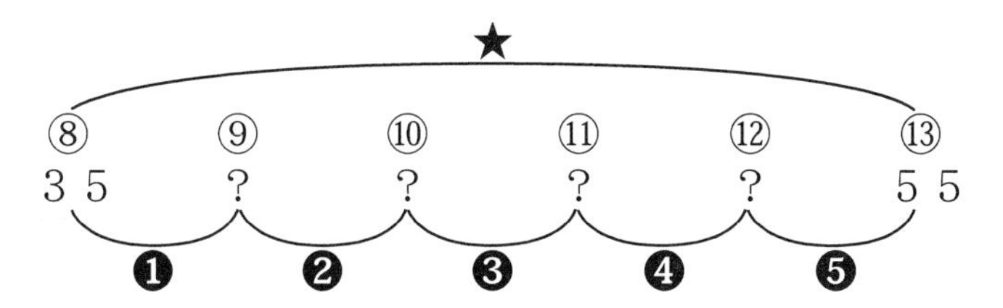

「最後の項の番号」から「最初の項の番号」を引けば、ちょうど「公差の個数」になることがわかりますか。

１３－８＝５…❺　公差の個数

５５－３５＝２０…★
１３－８＝５…❺　公差の個数
２０÷５＝４…公差

答、４

(例題８も同じように考えて、最後の項の番号－初項＝７－１＝６　で、公差の個数は「６」だと考えることもできます。)

これを一般式にすると

公差＝（後の項の数－前の項の数）÷（項の個数－１）
公差＝（後の項の数－前の項の数）÷（後の項の番号－前の項の番号）

類題９、それぞれ次の等差数列の公差を求めなさい。

①、初項「１９」、末項「４９」、項の個数「６個」。

式

答、

等差数列の公差

②、初項「３２」、末項「５３」、項の個数「８個」。

式

答、＿＿＿＿＿＿＿＿

③、初項「１５」、第⑤項「３１」。

式

答、＿＿＿＿＿＿＿＿

④、第㉗項「５５」、第㉝項「９７」。

式

答、＿＿＿＿＿＿＿＿

⑤、第⑩項「２２」、第⑱項「９４」。

式

答、＿＿＿＿＿＿＿＿

類題９の解答

① （４９－１９）÷（6－１）＝6 　答、6

② （５３－３２）÷（8－１）＝3 　答、3

③ （３１－１５）÷（5－１）＝4 　答、4

④ （９７－５５）÷（３３－２７）＝7 　答、7

⑤ （９４－２２）÷（１８－１０）＝9 　答、9

演習問題４、それぞれ次の数を求めなさい。（全て、増える等差数列です）

（解答はＰ４９）

①、初項３５、公差２の等差数列の第⑲項の数

式

答、＿＿＿＿＿＿＿

②、初項２５、公差４の等差数列の第㉑項の数

式

答、＿＿＿＿＿＿＿

③、初項８、公差７の等差数列の第㊾項の数

式

答、＿＿＿＿＿＿＿

④、初項６２、公差８の等差数列の第㊲項の数

式

答、＿＿＿＿＿＿＿

演習問題５、それぞれ次の等差数列の項の個数を求めなさい。

（解答はＰ４９）

①、第⑫項から第⑲項

式

答、＿＿＿＿＿＿＿

②、第㉛項から第㊽項

式

答、＿＿＿＿＿＿＿

演習問題５

③、第⑮項から第⑫項

式

答、＿＿＿＿＿＿＿

④、第⑬項から第⑱項

式

答、＿＿＿＿＿＿＿

⑤、公差３の等差数列の「４８」から「８１」までの個数

式

答、＿＿＿＿＿＿＿

⑥、公差５の等差数列の「１０８」から「１５３」までの個数

式

答、＿＿＿＿＿＿＿

⑦、公差９の等差数列の「８１」から「１６２」までの個数

式

答、＿＿＿＿＿＿＿

⑧、公差７の等差数列の「２３」から「７６５」までの個数

式

答、＿＿＿＿＿＿＿

演習問題６、それぞれ次の等差数列の公差を求めなさい。　　　　**（解答はＰ４９）**

（解答はＰ４９）

①、初項「3」、末項「６７」、項の個数「１７個」。

式

答、＿＿＿＿＿＿

②、初項「３１」、末項「４３」、項の個数「５個」。

式

答、＿＿＿＿＿＿

③、初項「２３」、第⑨項「３９」。

式

答、＿＿＿＿＿＿

④、第⑥項「６３」、第⑫項「１１１」。

式

答、＿＿＿＿＿＿

⑤、第⑪項「８２」、第㉓項「１４２」。

式

答、＿＿＿＿＿＿

⑥、第③項「７５」、第⑪項「１３１」。

式

答、＿＿＿＿＿＿

テスト２

（解答はＰ５０）

点／１００　合格８０点

１、それぞれ次の数を求めなさい。（全て、増える等差数列です）（各５点×６）

①、初項１８、公差３の等差数列の第⑳項の数

式

答、

②、初項５０、公差５の等差数列の第⑱項の数

式

答、

③、初項１、公差１の等差数列の第㊿項の数

式

答、

④、初項２５、公差７の等差数列の第⑮項の数

式

答、

⑤、初項８、公差２０の等差数列の第⑯項の数

式

答、

⑥、初項１３、公差１３の等差数列の第⑬項の数

式

答、

テスト２

２、それぞれ次の等差数列の項の個数を求めなさい。（各５点×８）

①、第⑩項から第⑯項

式

答、＿＿＿＿＿＿＿＿

②、第㊴項から第(152)項

式

答、＿＿＿＿＿＿＿＿

③、第(333)項から第(444)項

式

答、＿＿＿＿＿＿＿＿

④、第(89)項から第(683)項

式

答、＿＿＿＿＿＿＿＿

テスト２

⑤、公差４の等差数列の「３１」から「５５」までの個数

式

答、＿＿＿＿＿＿＿＿

⑥、公差５の等差数列の「１０９」から「１６４」までの個数

式

答、＿＿＿＿＿＿＿＿

⑦、公差６の等差数列の「７２」から「１２０」までの個数

式

答、＿＿＿＿＿＿＿＿

⑧、公差７の等差数列の「８１」から「１５８」までの個数

式

答、＿＿＿＿＿＿＿＿

テスト２

３、それぞれ次の等差数列の公差を求めなさい。（各５点×６）

①、初項「2」、末項「１８」、項の個数「９個」。

式

答、＿＿＿＿＿＿

②、初項「４３」、末項「７８」、項の個数「６個」。

式

答、＿＿＿＿＿＿

③、初項「１９」、第⑦項「７３」。

式

答、＿＿＿＿＿＿

④、第⑤項「８０」、第⑨項「１２８」。

式

答、＿＿＿＿＿＿

⑤、第⑩項「１００」、第⑲項「１５４」。

式

答、＿＿＿＿＿＿

⑥、第②項「５３」、第⑰項「１４３」。

式

答、＿＿＿＿＿＿

等差数列の和　1

例題１０、次の等差数列の数全ての合計を求めましょう。

①　　　１・２・３・４・５・６・７・８・９

もちろん「１＋２＋３＋４＋５＋　…　＋１０」と計算しても、答を求めることが出来ます。上記のように１０個ぐらいの数ですと、全部足しても、そんなに時間はかかりません。

式　１＋２＋３＋４＋５＋６＋７＋８＋９＝４５

答、　４５

②　　　１・２・３・４・５　…　　　…　９８・９９

さすがにこれを「１＋２＋３＋４＋５＋　…　＋９９」と計算すると、時間もかかりますし、ミスも増えます。何かよい方法はないでしょうか。

①の問題で、工夫して考えます。

等差数列は、「同じ数ずつ増える（減る）」という性質がありますので、次のように、元の数列と逆に並べた数列を考え、上下の数を足してみます。

	１・	２・	３・	４・	５・	６・	７・	８・	９	元の数列
＋)	９・	８・	７・	６・	５・	４・	３・	２・	１	逆の数列
	１０・	１０・	１０・	１０・	１０・	１０・	１０・	１０・	１０	上下の合計

「同じ数ずつ増える（減る）」という性質があるので、逆に並べた数列の上下を足すと、どこも同じ数になります。同じ数になると「かけ算」が使えますので、計算が大変楽になります。

等差数列の和　1

$$
\begin{array}{r}
1+\ 2+\ 3+\ 4+\ 5+\ 6+\ 7+\ 8+\ 9=\blacksquare \\
+)\ 9+\ 8+\ 7+\ 6+\ 5+\ 4+\ 3+\ 2+\ 1=\blacksquare \\
\hline
10+10+10+10+10+10+10+10+10=\blacksquare\blacksquare
\end{array}
$$

１＋２＋３＋４＋５＋６＋７＋８＋９　の答を■とすると、

９＋８＋７＋６＋５＋４＋３＋２＋１　の答も■になります。

すると、上下を足した

１０＋１０＋１０＋１０＋１０＋１０＋１０＋１０＋１０　は■２個分になります。

この数列の項の個数は９個ですから、

式　１＋９＝１０　　１０×９＝９０…■■

（↑初項　↑末項　↑項の個数）

９０÷２＝４５…■＝１～９の合計

答、４５

このように、等差数列の数の全ての合計を「**等差数列の和**」と呼びます。

等差数列の和の求め方を一般式にすると、次のようになります。

等差数列の和＝（初項＋末項）×項の個数÷２

類題１０、次の等差数列の和を、上の式を用いてそれぞれ求めなさい。

①、　２・４・６・８・１０・１２・１４・１６

式

答、＿＿＿＿＿＿

②、　１５・２０・２５・３０・３５・４０・４５

式

答、＿＿＿＿＿＿

等差数列の和　1

③、　１８・２５・３２・３９・４６・５３

式

答、＿＿＿＿＿＿

④、　３１・３９・４７・５５・６３・７１・７９・８７・９５

式

答、＿＿＿＿＿＿

⑤、　４９・４４・３９・３４・２９・２４

式

答、＿＿＿＿＿＿

類題１０の解答

① 式（２＋１６）×８÷２＝７２　　答、７２

② 式（１５＋４５）×７÷２＝２１０　　答、２１０

③ 式（１８＋５３）×６÷２＝２１３　　答、２１３

④ 式（３１＋９５）×９÷２＝５６７　　答、５６７

⑤ 式（４９＋２４）×６÷２＝２１９　　答、２１９

大→小へと、減ってゆく等差数列でも、同じ計算で求められます。

例題１１、第②項が８、第⑦項が３８である等差数列の、第②項から第⑦項までの和を求めなさい。

先の等差数列の和を求める公式を用いるには、項の個数が分からなければなりません。しかし、例題４でやったようにすれば、項の個数を求めることが出来ますね。

項の個数は

２－１＝１　　７－１＝６　　６個

となります。

等差数列の和　1

等差数列の和を求める式を用います。

（８＋３８）×６÷２＝１３８　　　　答、１３８

例題１２、初項１５、末項３０、公差３の等差数列の和を求めなさい。

これも、項の個数が分からなければなりません。しかし、例題６でやったように、項の個数を求めることが出来ますから、この問題は解くことができます。

まず、この数列の項の個数を求めましょう。例題６にならって

（３０－１５）÷３＋１＝６

項の個数は「６個」だとわかります。そうすると、等差数列の和を求める式を用いることができます。

（３０＋１５）×６÷２＝１３５　　　　答、１３５

類題１１、それぞれ次の等差数列の和を求めなさい。

①、第③項が４３、第⑧項が６３である等差数列の第③項から第⑧項までの和。

式

答、________

②、第⑤項が７３、第⑨項が１３３である等差数列の第⑤項から第⑨項までの和。

式

答、________

等差数列の和　１

類題１１

③、初項３８、末項１２２、公差１２の等差数列の和。

式

答、＿＿＿＿＿＿

④、初項２９、末項６２、公差３の等差数列の和。

式

答、＿＿＿＿＿＿

類題１１の解答

①　式　３－１＝２　　８－２＝６…項の個数

（４３＋６３）×６÷２＝３１８　　答、３１８

②　式　５－１＝４　　９－４＝５…項の個数

（７３＋１３３）×５÷２＝５１５　　答、５１５

③　式（１２２－３８）÷１２＋１＝８…項の個数

（３８＋１２２）×８÷２＝６４０　　答、６４０

④　式（６２－２９）÷３＋１＝１２…項の個数

（２９＋６２）×１２÷２＝５４６　　答、５４６

演習問題７、それぞれ次の等差数列の和を求めなさい。　　　　**（解答はＰ５１）**

①、　３・７・１１・１５・１９・２３・２７・３１・３５

式

答、＿＿＿＿＿＿

②、　１３・２４・３５・４６・５７・６８・７９

式

答、＿＿＿＿＿＿

③、初項が１２、第⑨項が６８である等差数列の初項から第⑨項までの和。

式

答、＿＿＿＿＿＿

④、第④項が６５、第⑩項が１１９である等差数列の第④項から第⑩項までの和。

式

答、＿＿＿＿＿＿

⑤、初項４１、末項１０５、公差８の等差数列の和。

式

答、＿＿＿＿＿＿

⑥、初項１７、末項７１、公差６の等差数列の和。

式

答、＿＿＿＿＿＿

テスト３

（解答はＰ５１）

点／１００　合格８０点

１、それぞれ次の等差数列の和を求めなさい。（各１０点×１０）

①、　１６・２１・２６・３１・３６・４１・４６・５１

式

答、＿＿＿＿＿＿

②、　２４・３３・４２・５１・６０・６９・７８・８７・９６

式

答、＿＿＿＿＿＿

③、　１５・２７・３９・５１・６３・７５・８７

式

答、＿＿＿＿＿＿

④、第⑦項が８０、第⑮項が１３６である等差数列の第⑦項から第⑮項までの和。

式

答、＿＿＿＿＿＿

⑤、第②項が６６、第⑬項が１３２である等差数列の第②項から第⑬項までの和。

式

答、＿＿＿＿＿＿

テスト３

⑥、第⑩項が５３、第⑳項が８３である等差数列の第⑩項から第⑳項までの和。

式

答、＿＿＿＿＿＿

⑦、初項１１、末項５１、公差８の等差数列の和。

式

答、＿＿＿＿＿＿

⑧、初項２９、末項９５、公差１１の等差数列の和。

式

答、＿＿＿＿＿＿

⑨、初項４５、末項１２５、公差１０の等差数列の和。

式

答、＿＿＿＿＿＿

⑩、初項１２、末項９０、公差１３の等差数列の和。

式

答、＿＿＿＿＿＿

解　答

P１１

演習問題１

① 答、＿○＿　（公差０）

② 答、＿○＿　（公差６）

③ 答、＿×＿　（同じ数字を２度繰り返しながら増える）

④ 答、＿×＿　（項の番号〈何番目か〉を２回かけた〈２乗した〉もの）

⑤ 答、＿○＿　（公差１１）

⑥ 答、＿×＿　（前の２つの項の足し算〈フィボナッチ数列〉）

⑦ 答、＿×＿　（３、４、５の繰り返し）

⑧ 答、＿○＿　（公差９〈－９〉）

⑨ 答、＿×＿　（３５、１８の繰り返し）

演習問題２

① 答、２　５　８　１１　１４

② 答、７　１５　２３　３１　３９　４７

③ 答、５　１２　１９　２６　３３

④ 答、３０　３４　３８　４２　４６

⑤ 答、６３　６９　７５　８１　８７

⑥ 答、２４　２９　３４　３９　４４

⑦ 答、２０　２７　３４　４１　４８

⑧ 答、３　１５　２７　３９　５１

P１２

演習問題３

①、

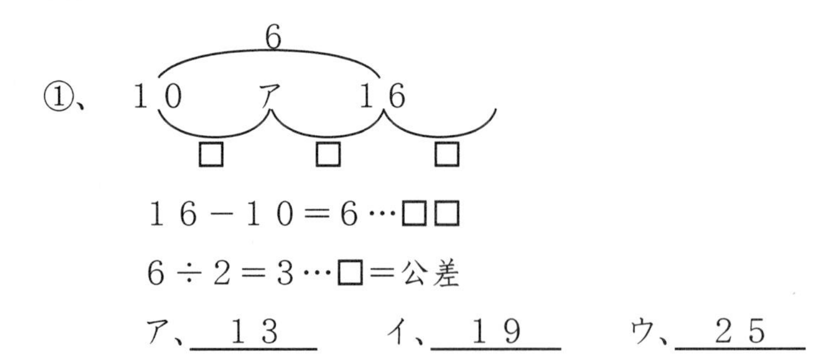

１６－１０＝６…□□

６÷２＝３…□＝公差

ア、＿１３＿　イ、＿１９＿　ウ、＿２５＿

解　答

P12

演習問題3

②

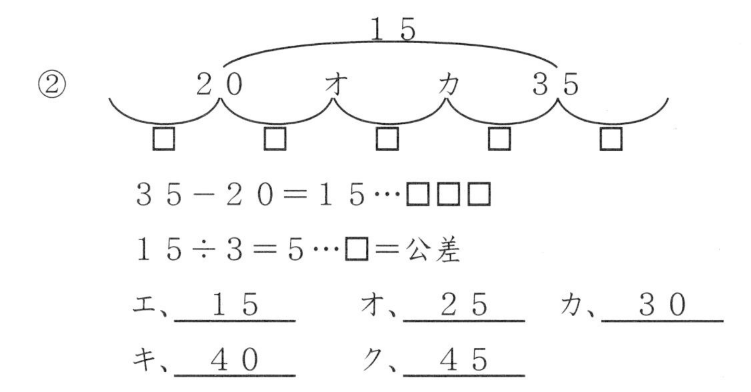

３５－２０＝１５…□□□

１５÷３＝５…□＝公差

エ、＿１５＿　オ、＿２５＿　カ、＿３０＿

キ、＿４０＿　ク、＿４５＿

③

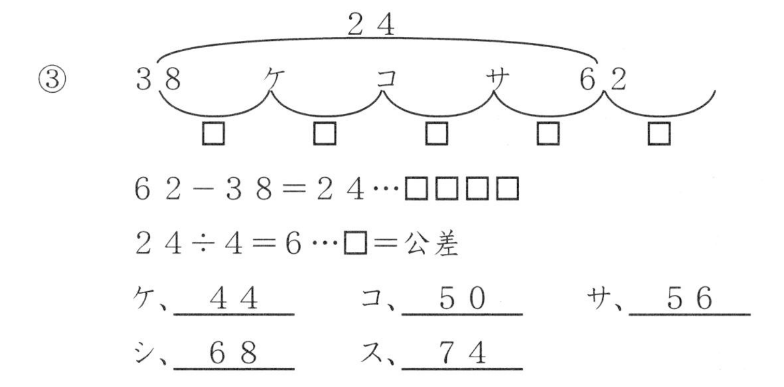

６２－３８＝２４…□□□□

２４÷４＝６…□＝公差

ケ、＿４４＿　コ、＿５０＿　サ、＿５６＿

シ、＿６８＿　ス、＿７４＿

④

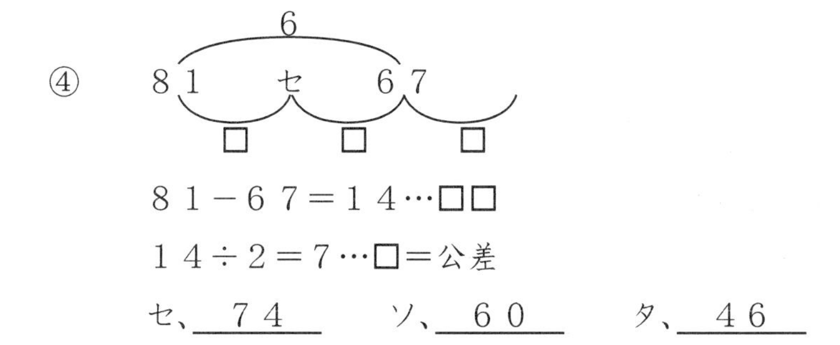

８１－６７＝１４…□□

１４÷２＝７…□＝公差

セ、＿７４＿　ソ、＿６０＿　タ、＿４６＿

解　答

P12

演習問題3

⑤

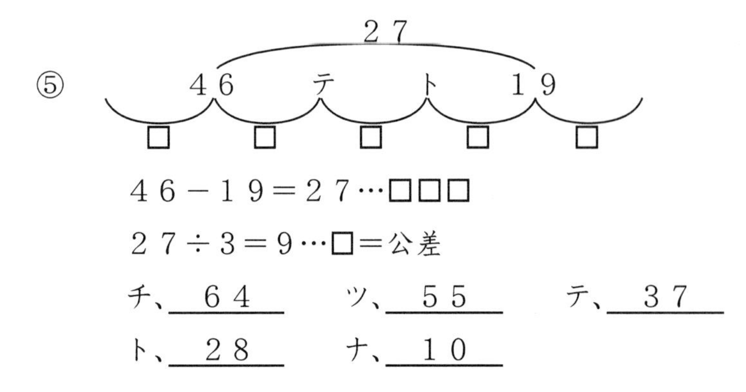

４６－１９＝２７…□□□

２７÷３＝９…□＝公差

チ、６４　　ツ、５５　　テ、３７

ト、２８　　ナ、１０

⑥

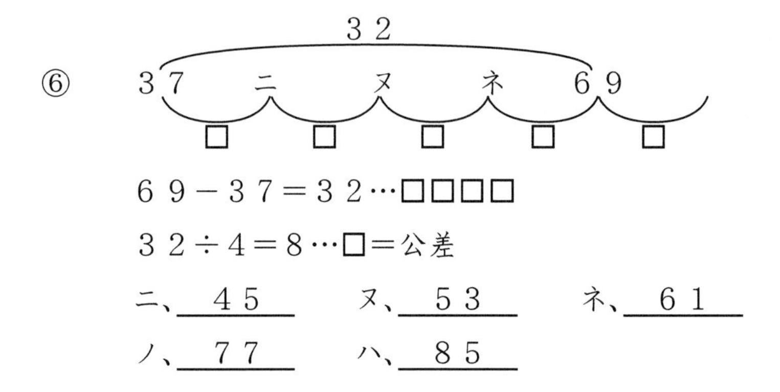

６９－３７＝３２…□□□□

３２÷４＝８…□＝公差

ニ、４５　　ヌ、５３　　ネ、６１

ノ、７７　　ハ、８５

⑦

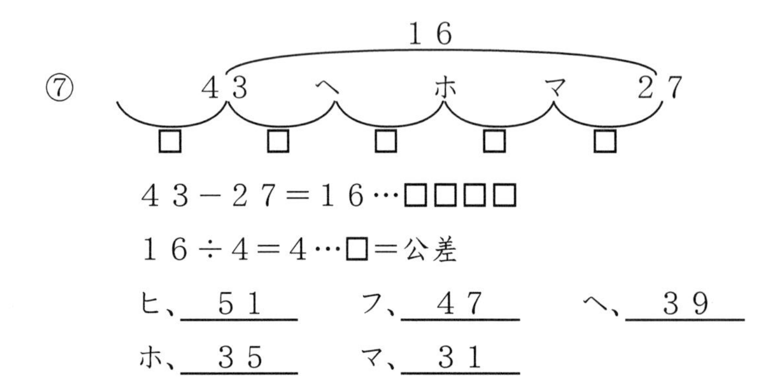

４３－２７＝１６…□□□□

１６÷４＝４…□＝公差

ヒ、５１　　フ、４７　　ヘ、３９

ホ、３５　　マ、３１

解　答

Ｐ１２

演習問題３

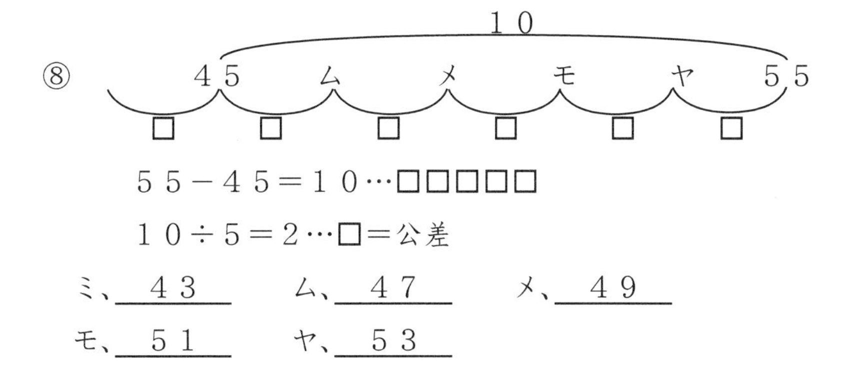

ミ、　４３　　ム、　４７　　メ、　４９

モ、　５１　　ヤ、　５３

Ｐ１３

テスト１（４点×２５問）

１

① 答、　×　　（８、９の繰り返し）（公差０）

② 答、　×　　（１が１回、２が２回、３が３回、４が４回…）

③ 答、　○　　（公差２〈－２〉）

④ 答、　×　　（フィボナッチ数列の逆順）

⑤ 答、　○　　（公差３〈－３〉）

⑥ 答、　○　　（公差１３）

⑦ 答、　×　　（差が１、２、３、４…と増えてゆく）

⑧ 答、　×　　（差が１０、９、８、７…とへってゆく）

⑨ 答、　○　　（公差１８〈－１８〉）

２

① 答、　８　１２　１６　２０　２４

② 答、　５　１２　１９　２６　３３　４０

③ 答、　４　１０　１６　２２　２８　３４

④ 答、３８　４１　４４　４７　５０

⑤ 答、５８　６６　７４　８２　９０

解　答

P１４

テスト１

2

⑥　答、１５　２２　２９　３６　４３

⑦　答、３９　４５　５１　５７　６３

⑧　答、３０　３９　４８　５７　６６

3

①、

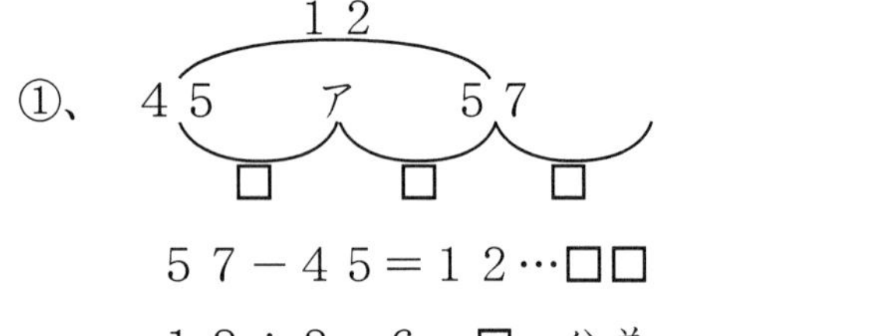

５７－４５＝１２…□□

１２÷２＝６…□＝公差

ア、５１　イ、６３　ウ、７５

②

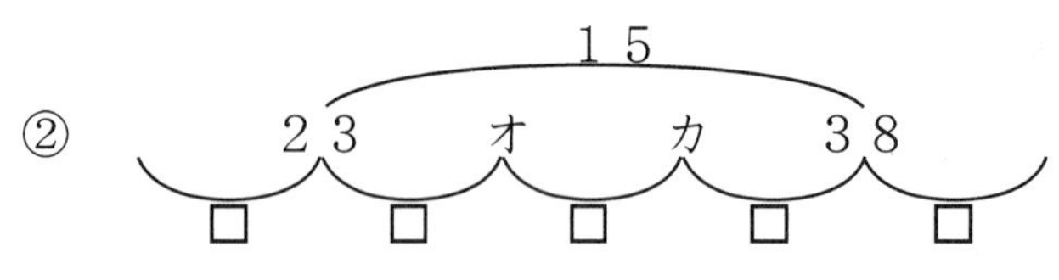

３８－２３＝１５…□□□

１５÷３＝５…□＝公差

エ、１８　オ、２８　カ、３３

キ、４３　ク、４８

解　答

P１４

テスト１

３

③

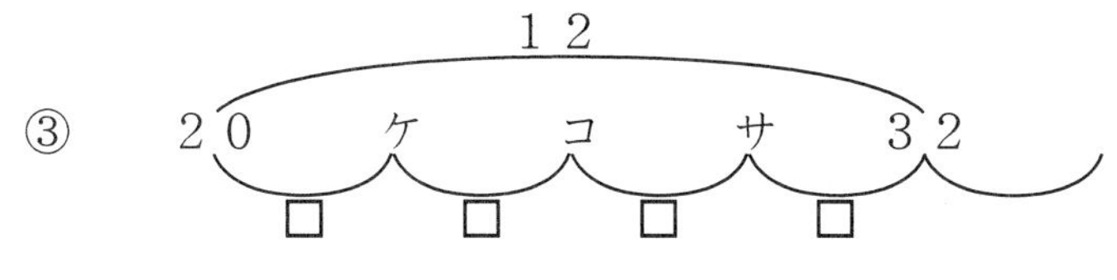

３２－２０＝１２…□□□□

１２÷４＝３…□＝公差

ケ、__２３__　コ、__２６__　サ、__２９__

シ、__３５__　ス、__３８__

④

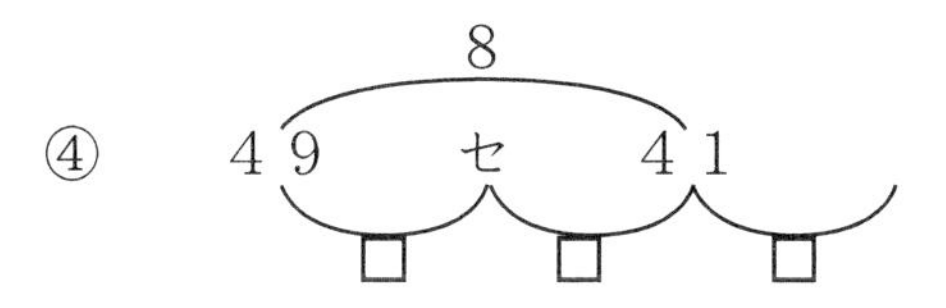

４９－４１＝８…□□

８÷２＝４…□＝公差

セ、__４５__　ソ、__３７__　タ、__２９__

⑤

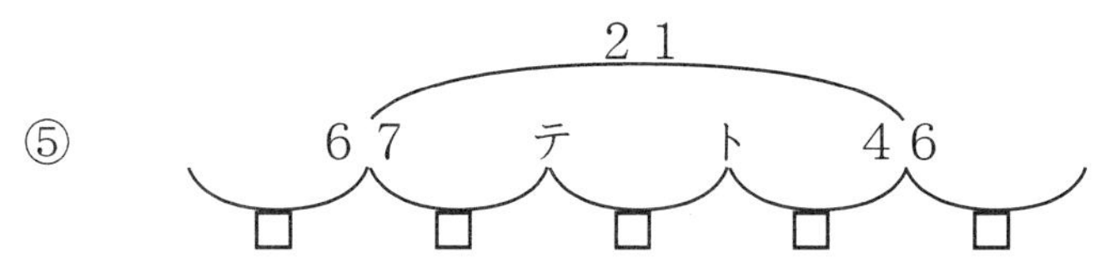

６７－４６＝２１…□□□

２１÷３＝７…□＝公差

チ、__８１__　ツ、__７４__　テ、__６０__

ト、__５３__　ナ、__３９__

解　答

P１４

テスト１

３

⑥

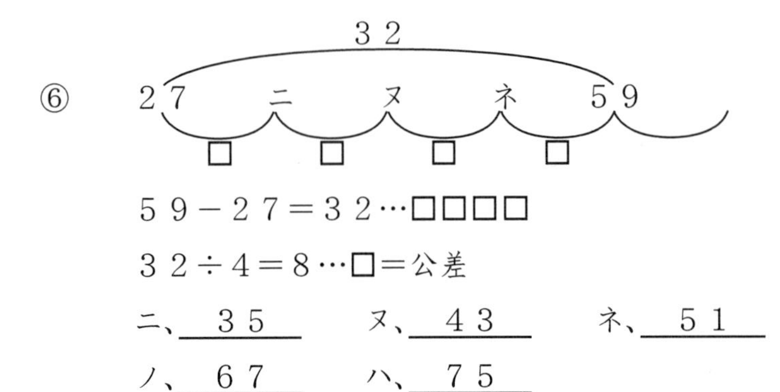

５９－２７＝３２…□□□□

３２÷４＝８…□＝公差

ニ、３５　ヌ、４３　ネ、５１

ノ、６７　ハ、７５

⑦

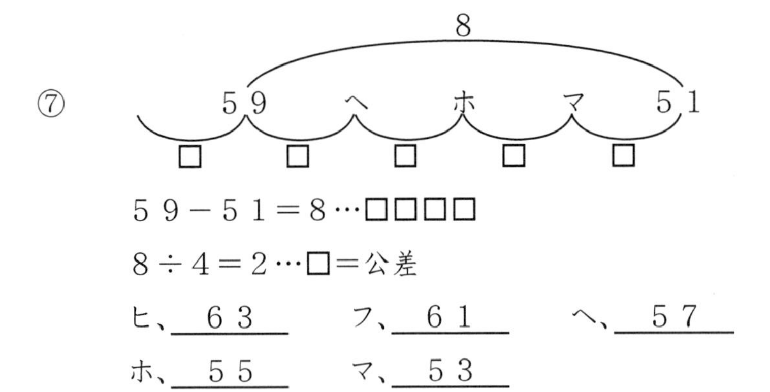

５９－５１＝８…□□□□

８÷４＝２…□＝公差

ヒ、６３　フ、６１　ヘ、５７

ホ、５５　マ、５３

⑧

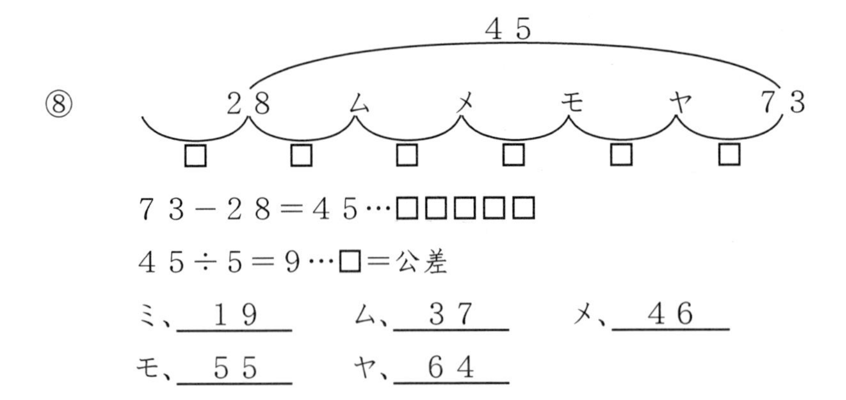

７３－２８＝４５…□□□□□

４５÷５＝９…□＝公差

ミ、１９　ム、３７　メ、４６

モ、５５　ヤ、６４

解　答

Ｐ２７

演習問題４

① 式　３５＋２×（１９－１）＝７１　　答、７１

② 式　２５＋４×（２１－１）＝１０５　　答、１０５

③ 式　８＋７×（４９－１）＝３４４　　答、３４４

④ 式　６２＋８×（３７－１）＝３５０　　答、３５０

演習問題５

① 式　１２－１＝１１　　１９－１１＝８　　答、８

② 式　３１－１＝３０　　４８－３０＝１８　　答、１８

③ 式　１５９－１＝１５８　　６２３－１５８＝４６５　　答、４６５

④ 式　１３－１＝１２　　８９６－１２＝８８４　　答、８８４

⑤ 式　（８１－４８）÷３＋１＝１２　　答、１２

⑥ 式　（１５３－１０８）÷５＋１＝１０　　答、１０

⑦ 式　（１６２－８１）÷９＋１＝１０　　答、１０

⑧ 式　（７６５－２３）÷７＋１＝１０７　　答、１０７

Ｐ２９

演習問題６

① 式　（６７－３）÷（１７－１）＝４　　答、４

② 式（４３－３１）÷（５－１）＝３　　答、３

③ 式（３９－２３）÷（９－１）＝２　　答、２

④ 式（１１１－６３）÷（１２－６）＝８　　答、８

⑤ 式（１４２－８２）÷（２３－１１）＝５　　答、５

⑥ 式（１３１－７５）÷（１１－３）＝７　　答、７

解　答

Ｐ３０

テスト２

１

① 式　１８＋３×（２０－１）＝７５　　答、７５

② 式　５０＋５×（１８－１）＝１３５　　答、１３５

③ 式　１＋１×（５０－１）＝５０　　答、５０

④ 式　２５＋７×（１５－１）＝１２３　　答、１２３

⑤ 式　８＋２０×（１６－１）＝３０８　　答、３０８

⑥ 式　１３＋１３×（１３－１）＝１６９　　答、１６９

Ｐ３１

２

① 式　１０－１＝９　　１６－９＝７　　答、７

② 式　３９－１＝３８　　１５２－３８＝１１４　　答、１１４

③ 式　３３３－１＝３３２　　４４４－３３２＝１１２　　答、１１２

④ 式　８９－１＝８８　　６８３－８８＝５９５　　答、５９５

⑤ 式　（５５－３１）÷４＋１＝７　　答、７

⑥ 式（１６４－１０９）÷５＋１＝１２　　答、１２

⑦ 式（１２０－７２）÷６＋１＝９　　答、９

⑧ 式（１５８－８１）÷７＋１＝１２　　答、１２

Ｐ３３

３

① 式　（１８－２）÷（９－１）＝２　　答、２

② 式　（７８－４３）÷（６－１）＝７　　答、７

③ 式　（７３－１９）÷（７－１）＝９　　答、９

④ 式　（１２８－８０）÷（９－５）＝１２　　答、１２

⑤ 式　（１５４－１００）÷（１９－１０）＝６　　答、６

⑥ 式　（１４３－５３）÷（１７－２）＝６　　答、６

解　答

Ｐ３９

演習問題７

①　式　(3＋３５)　×９÷２＝１７１　　答、１７１

②　式　(１３＋７９)　×７÷２＝３２２　　答、３２２

③　式　(１２＋６８)　×９÷２＝３６０　　答、３６０

④　式　４－１＝３　　１０－３＝７…項の個数

(６５＋１１９)　×７÷２＝６４４　　答、６４４

⑤　式　(１０５－４１)　÷８＋１＝９…項の個数

(４１＋１０５)　×９÷２＝６５７　　答、６５７

⑥　式　(７１－１７)　÷６＋１＝１０…項の個数

(１７＋７１)　×１０÷２＝４４０　　答、４４０

Ｐ４０

テスト３

１

①　式　(１６＋５１)　×８÷２＝２６８　　答、２６８

②　式　(２４＋９６)　×９÷２＝５４０　　答、５４０

③　式　(１５＋８７)　×７÷２＝３５７　　答、３５７

④　式　７－１＝６　　１５－６＝９…項の個数

(８０＋１３６)　×９÷２＝９７２　　答、９７２

⑤　式　２－１＝１　　１３－１＝１２…項の個数

(６６＋１３２)　×１２÷２＝１１８８　　答、１１８８

⑥　式　１０－１＝９　　２０－９＝１１…項の個数

(５３＋８３)　×１１÷２＝７４８　　答、７４８

⑦　式　(５１－１１)　÷８＋１＝６…項の個数

(１１＋５１)　×６÷２＝１８６　　答、１８６

⑧　式　(９５－２９)　÷１１＋１＝７…項の個数

(２９＋９５)　×７÷２＝４３４　　答、４３４

解　答

P40

テスト3

⑨　式　（１２５－４５）÷１０＋１＝９…項の個数

（４５＋１２５）×９÷２＝７６５　　　答、<u>　７６５　</u>

⑩　式　（９０－１２）÷１３＋１＝７…項の個数

（１２＋９０）×７÷２＝３５７　　　答、<u>　３５７　</u>

M.acceess　学びの理念

☆学びたいという気持ちが大切です
勉強を強制されていると感じているのではなく、心から学びたいと思っていることが、子どもを伸ばします。

☆意味を理解し納得する事が学びです
たとえば、公式を丸暗記して当てはめて解くのは正しい姿勢ではありません。意味を理解し納得するまで考えることが本当の学習です。

☆学びには生きた経験が必要です
家の手伝い、スポーツ、友人関係、近所付き合いや学校生活もしっかりできて、「学び」の姿勢は育ちます。
生きた経験を伴いながら、学びたいという心を持ち、意味を理解、納得する学習をすれば、負担を感じるほどの多くの問題をこなさずとも、子どもたちはそれぞれの目標を達成することができます。

発刊のことば

「生きてゆく」ということは、道のない道を歩いて行くようなものです。「答」のない問題を解くようなものです。今まで人はみんなそれぞれ道のない道を歩き、「答」のない問題を解いてきました。

子どもたちの未来にも、定まった「答」はありません。もちろん「解き方」や「公式」もありません。

私たちの後を継いで世界の明日を支えてゆく彼らにもっとも必要な、そして今、社会でもっとも求められている力は、この「解き方」も「公式」も「答」すらもない問題を解いてゆく力ではないでしょうか。

人間のはるかに及ばない、素晴らしい速さで計算を行うコンピューターでさえ、「解き方」のない問題を解く力はありません。特にこれからの人間に求められているのは、「解き方」も「公式」も「答」もない問題を解いてゆく力であると、私たちは確信しています。

M.access の教材が、これからの社会を支え、新しい世界を創造してゆく子どもたちの成長に、少しでも役立つことを願ってやみません。

思考力算数練習帳シリーズ２９
等差数列　上　新装版　整数範囲　（内容は旧版と同じものです）

新装版　第１刷
編集者　M.access（エム・アクセス）
発行所　株式会社　認知工学
〒６０４—８１５５　京都市中京区錦小路烏丸西入ル占出山町 308
電話　（０７５）２５６—７７２３　email : ninchi@sch.jp
郵便振替　０１０８０－９－１９３６２　株式会社認知工学

ISBN978-4-86712-129-0　C-6341　A29090125B　M

定価＝ 本体６００円 ＋税

PSYPER サイパー 思考力算数練習帳シリーズ

シリーズ23

場合の数 1

書き上げて解く 順列 新装版

作業性の特訓

問題

① ② ③

の３枚(まい)のカードをならべかえてできる３桁(けた)の数字(すうじ)を全(すべ)て書(か)き出(だ)しなさい

新装版